ISBN 978-3-662-23107-4 ISBN 978-3-662-25075-4 (eBook)
DOI 10.1007/978-3-662-25075-4
Softcover reprint of the hardcover 1st edition 1959

Die in den Sitzungsberichten Abtlg. I und Abtlg. IIa der math.-nat. Klasse der Österr. Ak. d. Wiss. erscheinenden Abhandlungen werden auch einzeln abgegeben. Sie können durch jede Buchhandlung oder direkt durch die Auslieferungsstelle der Österreichischen Akademie der Wissenschaften (Wien I, Singerstraße 12) bezogen werden.

Nachfolgende Abhandlungen aus dem Fache **Botanik** (Biologie) sind erschienen:

1953 (S I Bd. 162):

Loub W.: Zur Algenflora der Lungauer Moore (mit 3 Textabbildungen). S 22.90
Wimmer Ch., und Höfler K.: Über die Eigenfluoreszenz lebender, absterbender und toter Florideenzellen (mit 3 Textabbildungen). S 9.60
Diskus A.: Vom Osmoseverhalten halophiler Euglenen vom Neusiedler See (mit 3 Tafeln). S 8.50

1954 (S I Bd. 163):

Kiermayer O.: Die Vakuolen der Desmidiaceen, ihr Verhalten bei Vitalfärbe- und Zentrifugierungsversuchen (mit 23 Textabbildungen), 48 Seiten. S 32.30
Loub W., Url W., Kiermayer O., Diskus A., und Hilmbauer K.: Die Algenzonierung in Mooren des österreichischen Alpengebietes (mit 1 Textabbildung und 3 Tafeln), 48 Seiten. S 26.70
Luhan Maria: Zur Wurzelanatomie unserer Alpenpflanzen III. Gentianaceae (mit 4 Textabbildungen und 1 Tafel), 19 Seiten. S 14.90
Poelt J.: Moosgesellschaften im Alpenvorland I (mit 3 Textabbildungen), 34 Seiten. S 15.10
Poelt J.: Moosgesellschaften im Alpenvorland II (mit 1 Textabbildung), 45 Seiten. S 26.50
Scheidl W.: Auslösung von Vakuolenkontraktion durch undissoziierte Basen (mit 12 Textabbildungen und 15 Diagrammen), 44 Seiten. S 28.—
Schiller J.: Über Cyanophyceen aus kleinen künstlichen Wasserbecken und aus dem Ruster Kanal des Neusiedler Sees (mit 17 Textabbildungen [49 Einzelbilder]), 31 Seiten. S 23.40

1955 (S I Bd. 164):

Hölzl J.: Über Streuung der Transpirationswerte bei verschiedenen Blättern einer Pflanze und bei artgleichen Pflanzen eines Bestandes (mit 8 Textabbildungen). S 40.—
Huber Elfriede: Vitalfärbungsversuche an Hochmooralgen mit leeren und vollen Zellsäften (mit 13 Abbildungen auf 3 Tafeln). S 36.40
Kiermayer O.: Über die Reduktion basischer Vitalfarbstoffe in pflanzlichen Vakuolen (mit 4 Tafeln und 1 Farbtafel). S 25.20
Loub W.: Algenbiozönosen des Neusiedler Sees (mit 9 Textabbildungen). S 22.—
Url W.: Resistenz von Desmidiaceen gegen Schwermetallsalze (mit 8 Abbildungen auf 2 Tafeln). S 23.—
Ziegler Annemarie: Die blau fluoreszierenden Idioblasten der Scrophulariaceen: Morphologie, Mikrochemie und Vitalfärbbarkeit (mit 19 Abbildungen im Text und auf 3 Tafeln). S 46.90

1956 (S I Bd. 165):

Abel W. O.: Die Austrocknungsresistenz der Laubmoose (mit 14 Abbildungen im Text und auf 5 Tafeln). S 73.30
Fetzmann Elsa Leonore: Beitrag zur Algensoziologie (mit 3 Textabbildungen, 4 Tafeln und 1 Beilage). S 73.60
Lenk Ingeborg: Vergleichende Permeabilitätsstudien an Süßwasseralgen (Zygnemataceen und einige Chlorophyceen) (mit 7 Textabbildungen). S 83.60
Sperlich A.: Die Fortpflanzungstüchtigkeit (Phyletische Potenz) des Fremdbefruchters. Nach Versuchen mit drei Formen des Alectorolohus hirsutus (Lam.) Alb. S 58.90

1957 (S I Bd. 166):

Politis J.: Über die „Tanninoplasten" oder Gerbstoffbildner der Crassulaceae (mit 2 Textabbildungen und 1 Tafel). S 6.—
Politis J.: Über einen neuen Pflanzenfarbstoff in den Blüten einiger Verbascum-Arten (mit 2 Tafeln). S 5.20
Übeleis Ilse: Osmotischer Wert Zucker- und Harnstoffpermeabilität einiger Diatomeen (mit 1 Textabbildung). S 30.40

1958 (S I Bd. 167):

Höfler Karl: Permeabilitätsstudien an Parenchymzellen der Blattrippe von Blechnum spicant (mit 5 Textabbildungen). S 45.—
Rechinger K. H., Dulfer H. und Patzak A.: Širjaevii fragmenta astragalogica IV. S 38.10
Url Walter: Zur Wirkung der Atmungsgifte Natriumazid und Dinitrophenol auf die Permeabilität von Blechnum spicant-Zellen (mit 3 Textabbildungen). S 25.—
Wawrik Friederike: Hochgebirgs-Kleingewässer im Arlberggebiet III (mit 3 Textabbildungen und 1 Tafel). S 18.90

Röntgenstrahlenwirkungen auf Commelinaceen-Stecklinge*)

(Total- und Partialbestrahlungen)

Von Richard Biebl, Wien

Mit 9 Tabellen und 5 Abbildungen

(Vorgelegt in der Sitzung am 15. Oktober 1959)

Einleitung.

Pflanzliche Dauergewebszellen können eine sehr hohe, bis über 100.000 r reichende Resistenz gegen Röntgenbestrahlungen (Strugger, Krebs und Gerlach 1953) besitzen. Demgegenüber ist schon lange bekannt, daß keimende Samen durch eine große Strahlenempfindlichkeit ausgezeichnet sind (Koernicke 1915, Henshaw und Francis 1935, Johnson 1936, Wertz 1940 u. a.). Beim Weizen (Biebl und Pape 1951) und bei Soja (Biebl 1958) gibt sich schon eine einmalige, zum Zeitpunkt der strahlenempfindlichsten Keimungsphase verabreichte Röntgendosis von 250—500 r in nachfolgenden leichten Wachstumshemmungen bzw. Blattdeformationen zu erkennen. Daß es bei fraktionierter Bestrahlung während der strahlenempfindlichen Keimungsphase nicht nur auf eine gewisse Gesamtdosis, sondern auch auf eine bestimmte Intensität der Einzelbestrahlungen ankommt, konnte an Weizenkeimlingen gezeigt werden (Biebl 1959a, b).

Dauerbestrahlungen durch Gammastrahlen einer Cobalt^{60}-Strahlenquelle auf einem „Gammafeld" können aber auch an Pflanzen, die erst nach erfolgter Keimung dorthin gebracht wurden, deutliche Entwicklungsstörungen hervorrufen. Dies und auch die heute schon praktisch zur Verlängerung der Lagerfähigkeit genützte Erscheinung, daß Kartoffelknollen (Sparrow et al. 1954, 1955) oder Zwiebeln von *Allium cepa* (Dallyn et al. 1955) durch Röntgen- oder Gammastrahlendosen, die noch weit unter den für Dauergewebszellen schädlichen Intensitäten liegen (ab 5000 r bei der

*) Herrn Professor Dr. Hermann von Guttenberg zum 80. Geburtstag gewidmet.

Kartoffel und ab 1000 r bei der Zwiebel), am Austreiben verhindert werden, weisen darauf hin, daß auch außerhalb der Keimungsphase strahlenempfindliche Gewebe und Entwicklungsstadien gegeben sein müssen, die nach entsprechender Bestrahlung den Verlauf der Allgemeinentwicklung der Pflanze beeinflussen.

Commelinaceen-Stecklinge, die sich nach Einstellen in Leitungswasser leicht bewurzeln, weiterwachsen und verzweigen, erwiesen sich als besonders geeignete Objekte, um an vollentwickelten Sprossen nach Unterschieden in der Strahlenresistenz bzw. durch Partialbestrahlungen nach strahlenempfindichen Meristemen und Entwicklungsstadien zu suchen.

Material und Methode.

Stecklinge der Commelinaceen *Tradescantia elongata, Tr. viridis, Tr. purpusi, Tr. zebrina* und *Callisia repens* wurden in einem Stadium mit fünf ausgebildeten Blättchen und noch ohne sichtbare Anlagen von Seitentrieben und Blüten teils total, teils partiell mit Röntgenstrahlen bestrahlt.

Die Bestrahlungen wurden im Zentralröntgeninstitut der Universität Wien vorgenommen. Es sei mir an dieser Stelle gestattet, dem Direktor des Instituts, Herrn Univ.-Prof. Dr. E. G. MAYER für die liebenswürdige Genehmigung die notwendigen Apparaturen zu benützen und Herrn Univ.-Doz. DDr. J. ZAKOVSKY für seine freundliche Hilfe bei der Durchführung der Bestrahlungen meinen herzlichsten Dank auszusprechen.

Bestrahlt wurde mit einem Müller-RT-200-Gerät bei Stehfeldbestrahlung. Bestrahlungsdaten: 200 kV, 20 mA, Filter 0,2 Kupfer, 100 r/Minute, 50 cm Entfernung. Die zu bestrahlenden Stecklinge wurden zwischen zwei Lagen feuchten Filterpapiers aufgelegt und, soweit es sich um partielle Bestrahlungen handelte, zum Teil mit einem 2 mm dicken Bleichblech abgedeckt. Im allgemeinen wurden für jede Strahlendosis zwölf Stecklinge verwendet.

Nach der Bestrahlung wurden die Stecklinge in feuchtes Filterpapier eingeschlagen und sofort ins Pflanzenphysiologische Institut zurückgebracht. Dort wurden sie im Vorbereitungsraum des Glashauses in Eprouvetten mit Leitungswasser eingestellt, meist zwei Stecklinge in eine Proberöhre. Die ersten vierzehn Tage wurde täglich, später in größeren Zeitabständen die Gesamtzahl der Wurzeln, die sich an den im Wasser stehenden zwei, manchmal drei Nodien der Stecklinge gebildet hatten, gezählt. Auch das Auftreten von Seitensprossen und Blüten wurde beobachtet.

1. Die Strahlenresistenz verschieden alter Stecklinge von Tradescantia elongata.

Im Hinblick auf die an Weizen (Biebl und Pape 1951, Biebl 1959) und Sojakeimlingen (Biebl 1958) gemachten Erfahrungen über die unterschiedliche Strahlenempfindlichkeit verschieden alter Keimungsstadien wurde in einem ersten, Mitte Jänner durchgeführten Versuch an sieben aufeinanderfolgenden Tagen je vier mal zwölf Stecklinge geschnitten, in Eprouvetten mit Leitungswasser eingestellt und am siebenten Tag bestrahlt. Die jüngsten Stecklinge (gerechnet vom Zeitpunkt des Abschneidens) hatten somit zum Zeitpunkt der Bestrahlung ein Alter von sechs Stunden, die ältesten eines von sechs Tagen (Tab. 1). Die sechs Tage alten Stecklinge zeigten schon vereinzelte Wurzelbildungen, und zwar 4—5 Wurzeln an 12 Stecklingen. Von den 5 Tage alten 48 Stecklingen war erst bei einem einzigen 1 Würzelchen durchgebrochen. Die jüngeren Stadien besaßen überhaupt noch keine Wurzeln.

Tab. 1 zeigt, daß sich nur bei den sechs Tage alten Stecklingen auch nach der Bestrahlung mit 2000 r und 3000 r noch eine größere Zahl von Wurzeln gebildet hatte. Die Wurzeln standen zu diesem Zeitpunkt der Bestrahlung schon vor dem Durchbruch, so daß auch die verhältnismäßig starken Strahlendosen das Durchtreten der Würzelchen nicht mehr aufhalten konnten. Es soll an dieser Stelle nicht auf theoretische Überlegungen bezüglich der Ursachen dieser Erscheinung eingegangen werden. Die Würzelchen der mit 2000 r und 3000 r bestrahlten Stecklinge erwiesen sich aber kaum als lebensfähig, erreichten innerhalb von 10 Tagen nur Höchstlängen von etwa 0,3 mm und begannen bei den 3000 r-Stecklingen nach etwa 8 Tagen wieder abzusterben. Auch bei den im Alter von 4 Tagen mit 2000 r bestrahlten Stecklingen war gleiches zu beobachten. Schon bei den 4 Tage alten Stecklingen kam es jedoch nach 3000 r Bestrahlung zu keiner einzigen Wurzelbildung mehr und bei den 3 Tage alten und jüngeren Stecklingen wurden praktisch auch nach 2000 r Bestrahlung keine Würzelchen mehr gebildet.

Diesem ersten Versuch läßt sich entnehmen: 1. Durch steigende Strahlendosen wird die Wurzelbildung an den im Wasser stehenden Nodien in steigendem Maße gehemmt, und zwar sowohl der Zahl wie der Länge nach. 2. Wenn die Bestrahlung erst in einem Stecklingsalter vorgenommen wird, in welchem die Würzelchen schon knapp vor dem Durchbruch stehen oder eben durchzubrechen beginnen, so kommt es auch nach starker Bestrahlung noch zur Bildung einer verhältnismäßig großen Zahl von Wurzeln, doch bleiben diese klein und sterben sogar zum Teil nach einigen Tagen wieder ab. 3. Nach 1000 r-Bestrahlung kommt es (in Tab. 1 besonders deutlich bei den im Alter von 6 Stunden und einem Tag bestrahlten Stecklingen) noch zur Bildung einer großen Zahl von Würzelchen. Sie bleiben gegenüber den unbestrahlten Kontrollen wohl etwas in ihrer Länge zurück, sind aber sonst gesund und kräftig. Diese Wurzelbildung setzt jedoch später und langsamer ein als bei den Kontrollen. Es

Tab. 1: Wurzelbildung an *Tradescantia elongata*-Stecklingen, die in verschiedenem Alter röntgenbestrahlt wurden. Bestrahlt am 13. Jänner.

Bestrahlung		Zahl der Wurzeln (12 Stecklinge, 1. u. 2. Nodium)											Wurzellänge am 10.d cm
Stecklingsalter	Dosis	am Bestr.-Tag	Tage nach der Bestrahlung										
			1d	2d	3d	4d	5d	6d	7d	8d	9d	10d	
6d	Kontr.	5		37	40	40	42	47	49	52	52	52	4,5
	1000 r	4		28	28	28	29	29	29	29	29	29	2,8
	2000 r	4		13	14	17	17	17	17	17	17	17	0,3
	3000 r	5		9	9	11	11	11	12	12	6	6	0,3
5d	Kontr.	1		20	50	66	66	73	74	74	74	74	4,0
	1000 r	0		5	18	28	28	38	44	44	44	44	1,5
	2000 r	0		0	2	3	4	4	4	4	4	4	0,4
	3000 r	0		0	0	0	0	0	1	1	1	1	0,4
4d	Kontr.	0	0	6	25	48	58	60	62	62	62	64	3,5
	1000 r	0	0	1	6	18	22	30	31	31	32	33	1,1
	2000 r	0	0	0	3	5	6	7	7	4	2	2	0,2
	3000 r	0	0	0	0	0	0	0	0	0	0	0	—
3d	Kontr.	0	0	0	9	36	47	52	54	54	55	58	3,0
	1000 r	0	0	0	0	0	1	19	24	28	31	33	1,0
	2000 r	0	0	0	0	0	0	0	0	0	0	0	—
	3000 r	0	0	0	0	0	0	0	0	0	0	0	—
2d	Kontr.	0	0	0	0	18	40	54	62	62	62	63	3,0
	1000 r	0	0	0	0	1	1	12	18	28	32	32	1,2
	2000 r	0	0	0	0	0	0	0	0	0	0	0	—
	3000 r	0	0	0	0	0	0	0	0	0	0	0	—
1d	Kontr.	0	0	0	0	6	35	55	57	57	57	62	3,4
	1000 r	0	0	0	0	0	6	24	36	48	50	52	1,7
	2000 r	0	0	0	0	0	0	0	0	2	2	2	0,3
	3000 r	0	0	0	0	0	0	0	0	0	0	0	—
6h	Kontr.	0	0	0	0	9	46	64	71	71	74	74	3,4
	1000 r	0	0	0	0	0	0	4	18	44	60	62	1,0
	2000 r	0	0	0	0	0	0	0	2	2	2	2	0,6
	3000 r	0	0	0	0	0	0	0	0	0	0	0	—

erweckt den Eindruck, daß es hier zu einer allmählichen Reparation der Strahlenschädigung kommt.

Ein gleicher Versuch wurde einen Monat später wiederholt und bis auf sieben Tage alte Stecklinge ausgedehnt. Diesem Zeitpunkt war eine längere Schönwetterperiode vorangegangen und die Versuchspflanzen, die im Glashaus auf einem Parapet in Massenkultur gezogen wurden, waren infolge der intensiveren Sonnenbestrahlung deutlich kräftiger und besser entwickelt als im Jänner. Zum Teil hatten sie sogar schon Blüten angesetzt.

Die übersichtliche Darstellung dieses Versuches in Tab. 2 läßt erkennen, daß jetzt auch die erst 4 Tage alten Stecklinge am Tag der Bestrahlung schon einige Würzelchen ausgebildet hatten. Was im Jänner-Versuch für die im Alter von 6 Tagen bestrahlten Stecklinge gesagt wurde, gilt jetzt bis herunter zu den 4 Tage alten. So war z. B. bei den im Alter von 5 Tagen bestrahlten Stecklingen, bei denen zum Zeitpunkt der Bestrahlung pro 12 Stecklinge 5, 2, 5 und 6 Würzelchen durchgebrochen waren, die Bereitstellung aller für die Wurzelbildung nötigen Potenzen schon so groß, daß auch die mit 2000 r bestrahlten Stecklinge bis zum 10. Tag an den unteren zwei Nodien immerhin noch 38 Würzelchen gegenüber 71 bei den unbestrahlten Kontrollen zu entwickeln vermochten.

Deutlicher wird daher die Abhängigkeit der Wurzelzahlen von der Strahlendosis bei den jüngeren Stecklingen, die am Bestrahlungstag noch keine Wurzelbildung erkennen lassen. Das verzögerte Einsetzen, dann aber schnelle Aufholen der Wurzelbildung ist sowohl bei den mit 500 r, wie auch bei den mit 1000 r bestrahlten Stecklingen zu beobachten. Die Wurzeln der mit 500 r bestrahlten Stecklinge unterschieden sich bei Versuchsschluß, 19 Tage nach der Bestrahlung, kaum von jenen der unbestrahlten Kontrollen. Die Wurzeln der 1000 r-Stecklinge waren zu diesem Zeitpunkt in ihrer Länge zwar noch merklich zurück, sonst aber ebenfalls frisch und gesund entwickelt.

Was aus diesem Februar-Versuch (Tab. 2) gegenüber dem Jänner-Versuch (Tab. 1) als ein 4. Ergebnis dieser zeitgestaffelten Versuchsreihen neu ersichtlich wird, ist, daß mit der jahreszeitlich bedingt weiter fortgeschrittenen Allgemeinentwicklung der Versuchspflanzen deren Strahlungsresistenz zunimmt. Während im Jänner-Versuch 2000 r bei den jüngeren Stecklingen eine fast vollständige Hemmung der Wurzelbildung zur Folge hatte, vermögen sich nach 2000 r-Bestrahlung im Februar noch eine ganze Anzahl von kurzen Würzelchen zu entwickeln. Erst 3000 r verhindern, wie weitere Versuche zeigten, auch bei den jungen Stecklingen jegliche Wurzelbildung.

Tab. 2: Wurzelbildung an *Tradescantia elongata*-Stecklingen, die in verschiedenem Alter röntgenbestrahlt wurden. Bestrahlt am 11. Februar.

Bestrahlung		Zahl der Wurzeln (12 Stecklinge, 1. und 2. Nodium)																Wurzellänge am 19.d cm
			Tage nach der Bestrahlung															
Stecklingsalter	Dosis	am Bestr.-Tag	1d	2d	3d	4d	5d	6d	7d	8d	9d	10d	11d	12d	13d	14d	19d	
7d	Kontr.	36	33	37	40	42	45	46	46	46	49	51	58	59	60	61	66	7,5
	500 r	32	38	42	43	43	44	44	46	46	46	47	48	53	56	56	56	7,0
	1000 r	32	28	33	35	35	35	35	35	35	35	37	37	37	37	37	41	4,5
	2000 r	33	27	28	31	32	33	33	33	34	34	34	35	35	35	35	35	1,2
6d	Kontr.	32	32	43	47	48	48	48	50	52	52	54	56	56	56	56	59	8,0
	500 r	30	27	36	39	40	41	41	42	44	44	44	45	46	46	46	48	7,0
	1000 r	17	15	31	35	36	38	38	39	39	39	39	41	41	41	41	43	4,0
	2000 r	21	19	30	33	33	33	33	33	33	34	34	35	35	36	35	26	0,8
5d	Kontr.	5	13	38	53	56	57	57	58	59	62	62	62	62	64	64	71	7,0
	500 r	2	3	27	39	41	47	50	52	53	53	54	54	54	57	57	61	7,0
	1000 r	5	11	33	41	50	50	50	52	54	54	54	54	56	56	58	58	4,0
	2000 r	6	6	17	23	29	31	33	33	33	34	34	34	34	36	37	38	0,8
4d	Kontr.	7	12	38	54	55	55	56	57	60	60	64	64	67	67	69	69	6,5
	500 r	10	12	31	48	51	53	55	56	56	57	57	57	57	57	57	58	6,0
	1000 r	10	8	18	32	41	41	45	45	45	45	47	47	47	48	48	49	5,0
	2000 r	13	12	19	21	24	24	24	24	24	25	25	25	25	25	25	27	1,0

(Fortsetzung)

Bestrahlung		Zahl der Wurzeln (12 Stecklinge, 1. u. 2. Nodium)																Wurzellänge am 19.d cm
Stecklingsalter	Dosis	am Bestr.-Tag	Tage nach der Bestrahlung															
			1d	2d	3d	4d	5d	6d	7d	8d	9d	10d	11d	12d	13d	14d	19d	
3d	Kontr.	0	2	12	41	52	54	56	56	58	59	62	63	63	63	64	69	8,0
	500 r	0	0	19	42	44	44	44	44	44	44	44	48	48	48	49	50	8,0
	1000 r	0	0	4	14	23	30	34	34	34	34	34	35	35	36	38	37	5,5
	2000 r	0	1	3	4	6	6	6	6	7	7	7	7	8	9	9	8	1,0
2d	Kontr.	0	1	3	5	31	44	49	49	50	50	53	55	55	55	56	60	6,0
	500 r	0	4	6	10	31	42	49	51	52	52	54	54	56	56	56	56	6,0
	1000 r	0	1	6	13	15	20	27	41	46	47	47	47	50	50	50	50	4,5
	2000 r	0	3	5	7	8	10	10	12	12	14	15	15	15	15	16	16	1,5
1d	Kontr.	0	0	2	7	23	50	67	73	73	73	75	76	81	83	85	89	6,0
	500 r	0	1	2	2	5	14	35	44	52	52	52	53	53	53	53	62	6,0
	1000 r	0	2	4	5	7	7	11	38	48	50	54	55	55	55	55	57	4,5
	2000 r	0	2	3	3	4	4	4	4	6	9	9	9	13	15	15	17	2,0
$2^1/_2$h	Kontr.	0	0	1	3	8	21	39	50	51	51	52	52	52	54	54	57	8,0
	500 r	0	0	2	3	5	11	26	43	51	53	53	54	55	55	58	63	7,5
	1000 r	0	0	0	2	3	3	4	20	34	42	46	48	49	51	52	53	5,0
	2000 r	0	0	0	0	0	0	1	4	6	7	9	11	13	14	14	14	1,5

Tab. 3: Röntgenstrahlenresistenz verschiedener Commelinaceen-Stecklinge. (*Tradescantia elongata*, *Tr. viridis* und *Tr. purpursi* bestrahlt am 12. März, *Tradescantia zebrina* und *Callisia repens* bestrahlt am 3. April.)

Species (Stecklingsalter bei der Bestrahlung 2—3 Stunden)	Zahl der Wurzeln (12 Stecklinge, 1. und 2. Nodium)														Wurzellänge cm	
	Tage nach der Bestrahlung														am 27. d	am 49. d
	1d	2d	3d	4d	5d	6d	7d	8d	9d	11d	14d	20d	27d	49d		
Tradescantia elongata																
Kontr.	0	0	5	9	40	55	62	62	65	66	68	77	83	87	7	9
500 r	0	0	4	7	28	56	65	69	71	75	75	88	88	93	5	9
1000 r	0	0	1	3	10	31	56	60	63	65	65	67	67	76	4	5
2000 r	0	0	1	2	2	3	3	4	11	11	12	17	28	38	3	5
Tradescantia viridis																
Kontr.	0	0	1	2	19	34	41	42	44	44	50	57	58	76	10	11
500 r	0	0	0	1	15	36	42	43	43	43	44	48	50	63	10	11
1000 r	0	0	0	0	4	22	33	36	36	37	43	45	46	54	10	11
2000 r	0	0	2	2	2	3	5	10	12	15	19	23	23	25	8	10
Tradescantia zebrina																
Kontr.	0	0	4	13	24	34	37	40	42	44	56	64	66	68	5	5
500 r	0	0	3	5	11	20	26	33	35	36	36	37	40	48	3	5
1000 r	0	0	4	8	9	10	10	12	12	14	14	14	15	15	1	5
2000 r	0	0	2	2	2	3	3	4	4	4	4	4	4	4	0,5	0,5
Tradescantia purpusi																
Kontr.	.	24	30	30	37	42	56	60	64	70	79	85	+		5	
500 r	.	37	39	39	43	43	44	46	47	50	50	57	+		4	
1000 r	.	27	30	31	32	34	34	34	34	34	34	34	+		2	
2000 r	.	23	29	29	29	30	30	29	29	29	29	27	+		0,8	
Callisia repens																
Kontr.	0	0	2	4	6	7	19	34	47	56	58	58	59	63	6	7,5
500 r	0	2	5	6	7	12	18	27	45	50	55	57	64	71	6	8
1000 r	0	2	3	3	4	5	11	14	21	39	43	54	63	76	4	6,5
2000 r	0	0	2	2	2	2	2	2	4	5	6	4	5	31	1	4

2. Vergleich der Strahlenresistenz von Stecklingen verschiedener Commelinaceen.

Da die vorangegangenen Versuche mit verschieden alten Stecklingen gezeigt hatten, daß die Hemmung bzw. Verzögerung der Wurzelbildung nach Bestrahlung der jüngsten Stecklinge am klarsten hervortritt, wurden zum Vergleich der Strahlenempfindlichkeit verschiedener Commelinaceen-Arten durchwegs frisch geschnittene, zum Zeitpunkt der Bestrahlung erst 2—3 Stunden alte Stecklinge verwendet.

Tab. 3 gibt eine Zusammenstellung dieser vergleichenden Versuche. *Tradescantia elongata*, *Trad. viridis*, *Trad. zebrina* und *Callisia repens* zeigen ein im Prinzip gleichartiges und mit den Versuchen des vorigen Abschnittes übereinstimmendes Verhalten. Zahl und Länge der an den Nodien der Stecklinge entstehenden Wurzeln nehmen mit zunehmender Bestrahlungsintensität ab. Der Eintritt der Wurzelbildung wird bei vielen Arten schon durch 500 r, bei anderen durch 1000 r Bestrahlung verzögert, wenn auch im Verlauf von 1—4 Wochen die Wurzelzahl und Wurzellänge der unbestrahlten Kontrollen beinahe oder ganz erreicht wird.

Ein Blick auf die in den Tabellen 1 und 2 von den unbestrahlten Kontrollen erreichten Wurzelzahlen zeigt, daß diese keineswegs immer gleich groß sind. Das ist bei der geringen Zahl von je 12 Stecklingen auch nicht zu erwarten. Trotzdem sind aber bei Gegenüberstellung der Ergebnisse mehrerer Bestrahlungsversuche z. B. gewisse Unterschiede im Verhalten von *Tradescantia elongata* und *Tradescantia viridis* unverkennbar.

Bei *Tradescantia elongata* hatten sich in verschiedenen Versuchen nach 14 Tagen an den untersten zwei Knoten der mit 2000 r bestrahlten Stecklinge 12,5%, 19,1%, 13,5% und 17,6% der Wurzelanzahl der unbestrahlten Kontrollen gebildet. Bei *Tradescantia viridis* waren es hingegen 48,7%, 40% und 34,1%. Man wäre daher geneigt, bezogen auf den Zeitraum von 14 Tagen, *Tradescantia viridis* gegenüber *Trad. elongata* als strahlenresistenter zu bezeichnen. Doch zeigt der in Tab. 3 dargestellte langfristige Versuch, daß im weiteren Verlauf der Entwicklung auch bei *Tradescantia elongata* die ursprüngliche Strahlenschädigung noch mehr ausgeglichen werden kann. Hatten sich nach 14 Tagen bei den mit 2000 r bestrahlten Stecklingen 17,6% der Wurzelzahl der unbestrahlten Kontrollen gebildet, so waren es nach 27 Tagen 33,7% und nach 49 Tagen sogar 44,9%, während die 2000 r-Stecklinge von *Tradescantia viridis* zwar nach 14 Tagen 38% der Wurzelzahl der unbestrahlten Kontrollen aufwies, nach 27 Tagen aber mit 39,6% und nach 49 Tagen mit 32,8% sogar hinter *Tradescantia elongata* zurückblieb.

Am strahlenempfindlichsten erwies sich *Tradescantia zebrina*. Mit steigender Strahlendosis blieben die innerhalb von 49 Tagen gebildeten Wurzeln sowohl zahlen- und bei den 2000 r-Stecklingen auch längenmäßig weit hinter den unbestrahlten Kontrollen zurück.

Bei *Callisia repens* fällt schließlich die große Resistenz bis 1000 r und die nach dem 27. Tag einsetzende Erholung der 2000 r-Stecklinge auf. Hatten sich bis zum 27. Tag nach der Bestrahlung an den 12 mit 2000 r bestrahlten Stecklingen nur 5 Würzelchen gebildet, so hatte sich deren Zahl bis zum 49. Tag auf 31 erhöht. Eine derartig weitgehende „Erholung" zu einem so späten Zeitpunkt war bei keiner der untersuchten *Tradescantia*-Arten zu beobachten. Die gehemmte Wurzelbildung und damit mangelhafte Ernährung der 2000 r-Stecklinge wirkte sich auch im Wachstum und der Blattentwicklung von *Callisia* aus. Bei Versuchsbeginn trugen die Stecklinge, wie in allen Versuchen, 5 vollentwickelte Blättchen. Am 49. Tag hatten die unbestrahlten Kontrollen im Durchschnitt 10,6, die 500 r-Stecklinge 9,7, die 1000 r-Stecklinge 9, die 2000 r-Stecklinge aber nur 6 Blätter.

In der Zeit zwischen dem 20. und 49. Tag nach der Bestrahlung hatten sich zudem an den außerhalb des Wassers stehenden Nodien von *Tradescantia zebrina* und *Callisia repens* auch Luftwurzeln gebildet, die an Zahl und Länge gleichfalls eine deutliche Abhängigkeit von der erhaltenen Strahlendosis zeigten (Tab. 4). Auch hier

Tab. 4: Zahl und Länge der Luftwurzeln, die sich an je 12 Stecklingen von *Tradescantia zebrina* und *Callisia repens* 49 Tage nach dem Abschneiden und der Bestrahlung der Stecklinge gebildet hatten.

Dosis	Luftwurzeln			
	Tradescantia zebrina		*Callisia repens*	
	Zahl	Länge	Zahl	Länge
Kontrolle (unbestrahlt)	31	bis 3 cm	25	bis 10 cm
500 r	4	bis 1 cm	41	bis 10 cm
1000 r	0		12	bis 8 cm
2000 r	0		2	bis 2 cm

erweist sich *Tradescantia zebrina* wesentlich strahlenempfindlicher als *Callisia repens*.

Eine besondere Stellung nimmt *Tradescantia purpusi* ein. Wie aus Tab. 3 ersichtlich, sind die Wurzelzahlen bis zum 5. Tag nach der Bestrahlung von den unbestrahlten Kontrollen bis zu den mit 2000 r bestrahlten Stecklingen innerhalb der normalen Streuung vollkommen gleich. In den Wurzellängen zeigen sich allerdings schon Unterschiede. Bei der Kontrolle sind die Wurzeln am 5. Tag 0,2—2,0 cm lang, bei 500 r und 1000 r ebenfalls noch 0,3—1,5 cm, bei den 2000 r-Stecklingen hingegen nur mehr 0,2—0,6 cm. Man wäre geneigt, eine außerordentlich große Strahlenresistenz dieser Pflanze anzunehmen. In den folgenden Tagen geht aber dann die Entwicklung rasch auseinander. Während die Zahl der Wurzeln an 12 Stecklingen bis zum 11. Tag bei der unbestrahlten Kontrolle bis auf 70 ansteigt, erreicht sie nach 500 r-Bestrahlung nur 50 und nach 1000 r nur mehr 34. Bei den mit 2000 r bestrahlten Stecklingen kommt es überhaupt zu keiner weiteren Wurzelbildung.

Es liegen somit bei *Tradescantia purpusi* schon unmittelbar nach dem Abschneiden der Stecklinge die zum Austreiben der Wurzeln führenden Verhältnisse so, wie sie in den in Tab. 1 und 2 dargestellten Versuchen bei *Tradescantia elongata* erst von den 4—7 Tage alten Stecklingen erreicht werden. Die zur Wurzelbildung führenden Voraussetzungen sind schon von Anfang an so weit gegeben, daß auch die Bestrahlung mit 2000 r das Austreiben der Würzelchen nicht mehr verhindern kann. Nach Erreichung einer bestimmten Zahl unterbleibt jedoch bei diesen stark bestrahlten Stecklingen eine weitere Anlage von Wurzeln völlig, so daß die Wurzelzahl nun von den weniger bestrahlten bzw. unbestrahlten Stecklingen rasch überholt wird. Zudem bleiben die Wurzeln der 2000 r-Stecklinge mit einer Länge von höchstens 0,8 cm stecken, beginnen bald braun zu werden und von den Spitzen her abzusterben. Dieses Schicksal erleiden allerdings bis zum Abschluß der Beobachtung 27 Tage nach der Bestrahlung auch zum Teil die 500 r- und 1000 r-Stecklinge, und bis zu einem gewissen Grad auch die unbestrahlten Kontrollen.

Da in dem in Tab. 3 wiedergegebenen Versuch die Auszählung der Wurzeln erst am 2. Tag nach der Bestrahlung einsetzte, wurde der Versuch mit *Tradescantia purpusi* mit einer unbestrahlten Kontrolle und 2000 r-Bestrahlung wiederholt. Schon am Tage nach der Bestrahlung traten bei beiden eine große Zahl von Würzelchen aus den im Wasser stehenden zwei Nodien hervor. Im weiteren war das Ergebnis vollständig übereinstimmend mit dem in Tab. 3 dargestellten Versuch. Bei den 12 Stecklingen änderte sich die

Gesamtzahl der Wurzeln vom 1. bis zum 10. Tag nach der Bestrahlung in folgender Weise:

Kontrolle (unbestrahlt): 17, 29, 31, 31, 35, 38, 45, 51, 56, 57.
2000 r: 14, 28, 32, 32, 32, 32, 32, 32, 31, 30.

Die längsten Würzelchen bei der Kontrolle waren am 10. Tag 4 cm, bei den 2000 r-Stecklingen etwa 0,9 cm. Bei diesen war aber schon am 9. und am 10. Tag je 1 Würzelchen wiederum abgestorben.

Daß die durch die Bestrahlung in den Nodien gesetzten Verhältnisse zumindest mehrere Wochen lang unverändert erhalten bleiben können, geht aus einem Versuch mit *Tradescantia viridis* hervor. Hier wurden je 12 unbestrahlte und mit 2000 r und 6000 r

Tab. 5: Unverändertes Erhaltenbleiben der Strahlenschädigung in Nodien, die erst 35 Tage nach der Bestrahlung durch Zurückschneiden der Stecklinge ins Wasser gelangten und zur Wurzelbildung schreiten konnten. Bestrahlt am 7. Jänner.

Tradescantia viridis Alter der Stecklinge	Zahl der Wurzeln (12 Stecklinge, 1. und 2. Nodium) Stecklinge bei Bestrahlung 1 Stunde alt		
	unbestrahlt	2000 r	6000 r
15 Tage	41	20	0
35 Tage	85	26	0
am 35. Tag um 2 Knoten zurückgeschnitten	0	0	0
6 Tage	0	0	0
7 Tage	15	0	0
8 Tage	27	0	0
9 Tage	36	8	0
10 Tage	36	15	0
11 Tage	38	15	0
12 Tage	43	15	0
13 Tage	43	17	0

bestrahlte Stecklinge verglichen (Tab. 5). Nach 15 Tagen hatten die unbestrahlten Kontrollen an den beiden untersten Nodien 41 Wurzeln, die mit 2000 r bestrahlten Stecklinge 20 Wurzeln ausgebildet. Am 35. Tag nach der Bestrahlung waren die Zahlen auf 85 und 26 angewachsen. An diesem Tag wurden die Stecklinge um die zwei wurzeltragenden Nodien zurückgeschnitten und neuerlich mit Null Wurzeln beginnend in Leitungswasser eingestellt. 13 Tage später war fast das gleiche Zahlenverhältnis wie nach den ersten

15 Tagen erreicht: Die unbestrahlten Kontrollen wiesen 43, die 2000 r-Stecklinge 17 Würzelchen auf. Die mit 6000 r bestrahlten Stecklinge hatten überhaupt nie Wurzeln entwickelt.

3. Die Wirkung partieller Bestrahlungen auf Wurzel- und Seitensproßbildung der Stecklinge von *Tradescantia elongata*.

Die bisherigen Versuche haben gezeigt, daß die Art der Wurzelbildung an den unter Wasser getauchten Nodien bestrahlter Stecklinge einen guten Anzeiger für den Grad der Strahlenschädigung darstellt. Es erhebt sich nunmehr die weitere Frage, ob die zu beobachtende Verzögerung und zahlenmäßige Verminderung bis vollständige Sistierung der Wurzelbildung eine Folge der Totalbestrahlung der Stecklinge ist oder ob die Nodien für sich allein durch besondere Strahlenempfindlichkeit ausgezeichnet sind.

Die Frage war durch Abdeckung einzelner Nodien während der Bestrahlung leicht zu entscheiden. Etwa 2—3 Stunden vor der Bestrahlung frisch abgeschnittene Stecklinge von *Tradescantia elongata* wurden teils total, teils durch 2 mm dicke Bleispangen an verschiedenen Nodien abgedeckt, mit 3000 r bestrahlt. Die total bestrahlten Stecklinge zeigten, daß es bei Anwendung dieser Dosis auch innerhalb von sechs Wochen zu keiner einzigen Wurzelbildung kommt.

In Abb. 1 ist jedem Versuchssteckling ein „Modellsteckling" beigegeben, der die Art der Abdeckung der Nodien veranschaulicht. Die Stecklinge wurden nach der Bestrahlung zur Weiterkultur so weit in die mit Leitungswasser gefüllten Eprouvetten eingesenkt, daß 3 Nodien unter Wasser kamen und so die Möglichkeit hatten, Wurzeln zu bilden. Das Ergebnis war schon nach 9 Tagen eindeutig: Die total bestrahlten Stecklinge hatten keine einzige Wurzel gebildet, an den unbestrahlten Stecklingen waren an allen drei im Wasser stehenden Knoten Wurzeln durchgebrochen und an den übrigen Stecklingen waren durchwegs an den bei der Bestrahlung abgedeckt gewesenen Nodien normale Wurzeln entstanden. Die bestrahlten Knoten blieben wurzellos.

15 Tage nach der Bestrahlung (Abb. 2) hatten sich hinsichtlich der Wurzeln die Verhältnisse nicht geändert. Die Wurzeln an den während der Bestrahlung abgedeckt gewesenen Knoten waren in Zahl und Länge vollkommen normal entwickelt. Die Bestrahlung des übrigen Sprosses hatte sich auf sie in keiner Weise hemmend ausgewirkt. Die Verhinderung der Wurzelbildung war streng an die Bestrahlung der Nodien selbst gebunden.

Abb. 1: Wurzelbildung an totalbestrahlten und während der Bestrahlung an einzelnen Nodien mit Blei abgedeckten Stecklingen von *Tradescantia elongata*.
Die auf der Abbildung an den Nodien mit Bleispangen abgedeckten Stecklinge sind Modelle für die Versuchsanordnung während der Bestrahlung. Bestrahlung am 12. März, Aufnahme 9 Tage später.

Abb. 2: Seitensproß- und Blütenbildung an Stecklingen von *Tradescantia elongata*, die an je einem, während der Bestrahlung abgedeckten Nodium normale Wurzeln gebildet hatten.
Bestrahlung am 12. März, Aufnahme 15 Tage später.

Die Abb. 2 läßt aber weiters erkennen, daß die gleiche Bestrahlung, die an den bestrahlten Knoten die Wurzelbildung unmöglich machte, nicht verhinderte, daß sich an eben diesen Knoten, genau wie bei den Kontrollen, normale Seitensprosse entwickelten und daß auch die bestrahlten Sprosse Blüten ansetzten.

Abb. 3, 41 Tage nach der Bestrahlung aufgenommen, zeigt aus dem gleichen Versuch nebeneinander die unbestrahlte, an allen drei Nodien bewurzelte Kontrolle, einen während 3000 r-Bestrahlung am untersten Nodium abgedeckt gewesenen und einen mit 3000 r total bestrahlten Steckling. Der am untersten Nodium abgedeckt gewesene Steckling hatte dort völlig normale Wurzeln gebildet. Auch in Verzweigung und Blütenbildung unterschied er sich nicht von der unbestrahlten Kontrolle. Der total bestrahlte Sproß war hingegen weder gewachsen noch hat er sich verzweigt. Dies ist aber sicher nur insoferne als Folge der Bestrahlung anzusehen, als sich der wurzellos gebliebene Steckling nicht hinreichend mit Nährstoffen versehen konnte.

Die Bestrahlung des Sprosses mit 3000 r übte somit auf die Wurzelbildung der während der Bestrahlung mit Blei abgedeckten Nodien keinen Einfluß aus. Damit war aber noch nicht gesagt, daß dies nicht eine stärkere Bestrahlung tun könnte. In weiteren Versuchen wurden daher Stecklinge, nur am untersten Nodium mit Blei abgedeckt, mit 6000 r, 12.000 r und 24.000 r bestrahlt.

Abb. 3: Seitensproß- und Blütenbildung an einem unbestrahlten (links), einem während der Bestrahlung am untersten Nodium abgedeckten (Mitte) und einem total bestrahlten Steckling (rechts). Bestrahlung 12. März, Aufnahme 41 Tage später.

Tab. 6 zeigt die Verhältnisse bei einem Versuch, in dem nur je 6 Stecklinge, am untersten Nodium mit Blei abgedeckt, mit 3000 r, 6000 r und 12.000 r bestrahlt worden waren. Auch hier hatten die bestrahlten Stecklinge in allen Fällen an den abgedeckt gewesenen

Tab. 6: Wurzel-, Seitensproß- und Blütenbildung an Stecklingen von *Tradescantia elongata*, die am untersten Nodium (Nodium 1), durch Blei abgedeckt, mit 3000 r, 6000 r und 12.000 r bestrahlt worden waren, im Vergleich zur unbestrahlten Kontrolle. Bestrahlung am 3. April, Ablesung 20 Tage später.

Dosis	Zahl der Wurzeln pro Steckling			Wurzellänge	Verzweigungen an den Nodien	Blüten
	Nodium 1	Nodium 2	Nodium 3			
Kontr.	3	3	1	bis	1, 2, 3	—
(unbe-	3	3	3	6 cm	1, 2, 3	—
strahlt)	1	3	2		3	—
	2	3	3		2, 3, 4	—
	3	3	2		1, 2, 3	—
	2	3	3		2, 3	—
3000 r	5	—	—	bis	1, 2, 3, 4	Bl
	5	—	—	6 cm	–	—
	3	—	—		1, 2	Bl
	4	—	—		1, 2	Bl
	3	—	—		1, –, 3, 4	Bl
	3	—	—		1	—
6000 r	5	—	—	bis	1, 2	Bl
	4	—	—	6 cm	1, 2, 3, 4	Bl
	3	—	—		1, 2	—
	4	—	—		1, 2, 3, 4	Bl
	2	—	—		1	—
	3	—	—		1	—
12.000 r	2	—	—	bis	1	Bl
	2	—	—	6 cm	1	—
	2	—	—		–	—
	3	—	—		1, 2	—
	2	—	—		1, 2, –, 4	—
	3	—	—		1	Bl

Nodien normale Wurzeln entwickelt, die an Zahl zum Teil sogar die Zahl der Wurzeln am Nodium 1 (unterstes Nodium) der unbestrahlten Kontrollen überschritten.

Die Zahl der Verzweigungen der 3000 r- und 6000 r-Stecklinge entsprach jener der Kontrollen, bei den 12.000 r-Stecklingen dürfte sie, soweit man das Ergebnis von nur je 6 Stecklingen verallgemeinern darf, an den bestrahlten Knoten zurückgehen.

Was die Blütenbildung anlangt, so kann bei der geringen Zahl der Stecklinge in diesem Versuch nur als positiv ausgesagt werden, daß selbst 12.000 r-Bestrahlung die Entwicklung von Blüten nicht verhinderte. Daß in diesem Versuch alle unbestrahlten

Kontrollstecklinge ohne Blüten geblieben waren, mag ein Zufall sein. Ein Schluß auf eine durch die Bestrahlung geförderte Blütenentwicklung ist bei der geringen Zahl von Versuchspflanzen selbstverständlich unzulässig, da auch unter besten Bedingungen nicht jeder Steckling zur Blütenbildung schreitet. In einem weiteren Versuch, in welchem je 12 am untersten Nodium abgedeckte Stecklinge mit 12.000 r und 24.000 r bestrahlt worden waren, hatten nach 22 Tagen 4 der unbestrahlten Kontrollen und je 2 der mit 12.000 r und mit 24.000 r bestrahlten Stecklinge Blüten entwickelt.

Abb. 4: Wurzelbildung an einem unbestrahlten und je einem während der Bestrahlung mit 12.000 r und 24.000 r am untersten Nodium mit Blei abgedeckten Steckling von *Tradescantia elongata*.
Bestrahlung 12. Juni, Aufnahme 22 Tage später.

Abb. 4 zeigt, daß nicht nur die 12.000 r-, sondern auch die 24.000 r-Bestrahlung die Ausbildung der Wurzeln im abgedeckten Nodium nicht hemmt. Bei der Bestrahlung mit 24.000 r zeigte sich nur, daß die Abdeckung der Nodien mit größerer Sorgfalt vorgenommen werden muß, als bei den schwächeren Dosen. Die bisher verwendeten, nur etwa 1,8 cm breiten und 2 mm dicken Bleispangen erwiesen sich nicht mehr als ausreichender Strahlenschutz. Sowohl durchgehende als auch Streustrahlung verursachten ein verzögertes Einsetzen und ein gehemmtes Wurzelwachstum, so daß eine Wirkung seitens des bestrahlten Sprosses gegeben schien (Biebl 1959c). Wurden aber die Stecklinge während dieser starken Bestrahlung mit dem untersten Nodium auf eine dünne Bleiplatte aufgelegt und dieses etwa $1^1/_2$ cm übergreifend mit einer 4 mm dicken Bleispange abgedeckt, so ergab sich eindeutig, daß auch diese starke Bestrahlung des gesamten beblätterten Sprosses keinerlei Einfluß auf die Wurzelbildung an dem abgedeckten Nodium nahm. Hingegen bestätigte sich jetzt die schon im vorigen Versuch gemachte Beobachtung, daß Bestrahlungen mit 12.000 r und besonders mit 24.000 r auch die Ausbildung der Seitensprosse an den bestrahlten Nodien hemmt (Tab. 7).

Tab. 7: Zahl der Verzweigungen an Stecklingen von *Tradescantia elongata*, an derem abgedeckten Nodium 1 sich normale Wurzeln entwickelt hatten.

Art der Behandlung der Stecklinge	Tage nach der Bestrahlung	Zahl der Verzweigungen an 6 Stecklingen			
		Nodium 1 (abgedeckt)	Nodium 2	Nodium 3	Nodium 4
Kontr., unbestr.	31	3	5	6	0
3000 r	31	4	5	3	2
6000 r	31	6	4	2	2
12.000 r	31	5	3	0	1
		Zahl der Verzweigungen an 12 Stecklingen			
Kontr., unbestr.	34	7	12	11	4
12.000 r	34	12	7	1	0
24.000 r	34	7	0	0	1

4. Wuchsstoffbehandlung bestrahlter Stecklinge.

Die in den beiden ersten Abschnitten geschilderten Versuche zeigten, daß eine Totalbestrahlung der Stecklinge mit zunehmender Strahlendosis eine Verzögerung und Hemmung der Wurzelbildung bewirkt. Eine zur Erklärung dieser Erscheinung naheliegende

Annahme wäre, daß diese Strahlenwirkung auf einer Zerstörung oder Verminderung der den wurzelbildenden Nodien zugeführten Wuchsstoffe beruht.

Die im 3. Abschnitt behandelten Abdeckversuche schalteten jedoch diese einfache Erklärung bereits weitgehend aus. Es zeigte sich, daß sogar eine Bestrahlung der beblätterten Sprosse mit 24.000 r keinen Einfluß auf die Wurzelbildung am untersten Nodium nimmt, sofern dieses während der Bestrahlung durch eine entsprechend dicke Bleiauflage der direkten Strahleneinwirkung entzogen war. Es wurden also auch bei dieser starken Bestrahlung des Sprosses in den Blättern noch immer hinreichend Wuchsstoffe gebildet und von hier nach unten geleitet, um in dem abgedeckt gewesenen Nodium normale Wurzeln entstehen zu lassen.

Vollends klar wird es aber, daß nicht ein Zuwenig an Wuchsstoffen für die gehemmte Wurzelbildung verantwortlich zu machen ist, aus Versuchen, in denen den Stecklingen nach der Bestrahlung künstlicher Wuchsstoff in Form von β-Indolylessigsäure (IES) zugeführt wurde.

Tab. 8: Wurzelbildung an Stecklingen von *Tradescantia elongata*, die teils unbestrahlt, teils nach Totalbestrahlung mit 2000 r für 24 Stunden in verschiedenen Konzentrationen von β-Indolylessigsäure eingestellt worden waren.

Nach der Bestrahlung 24 h eingestellt in % β-Indolylessigsäure	Zahl der Wurzeln (12 Stecklinge, 1. und 2. Nodium)											
	Tage nach der Bestrahlung											
	5d	6d	7d	8d	9d	10d	12d	13d	14d	15d	22d	35d
Bestrahlt (2000 r):												
Kontrolle (ungebadet)	0	0	0	0	1	1	2	2	3	3	8	14
0,1%	+											
0,01%	0	0	0	2	2	2	2	2	2	3	12	32
0,001%	0	0	0	1	1	1	1	2	2	4	8	15
0,0001%	0	0	0	0	4	4	4	7	8	8	14	23
Unbestrahlt:												
Kontrolle (ungebadet)	0	19	29	30	38	44	48	55	59	62	74	80
0,1%	+											
0,01%	0	0	21	30	44	53	81	112	133	163	176	183
0,001%	0	19	30	36	46	56	70	74	78	79	86	97
0,0001%	0	23	31	35	41	45	59	66	69	73	74	83

In dem in Tab. 8 dargestellten Versuch wurden unbestrahlte und mit 2000 r bestrahlte Stecklinge von *Tradescantia elongata* unmittelbar nach der Bestrahlung für 24 Stunden etwa 1 cm tief in verschiedenen Konzentrationen von β-Indolylessigsäure (gelöst in dest. H_2O) eingestellt und dann wie in den bisherigen Versuchen in Eprouvetten mit Leitungswasser weiterkultiviert.

0,1% IES erwies sich als zu stark. Das eingetauchte Stengelglied starb ab. An den in 0,01% eingestellt gewesenen unbestrahlten Stecklingen zeigte sich aber, etwa vom 9. Tag ab, das Einsetzen einer starken Wuchsstoffwirkung. Während die unbestrahlten, nicht mit Wuchsstoff behandelten Kontrollen, wie gewohnt, ein gleichmäßig langsames Ansteigen der Gesamtwurzelzahl an den untersten 2 Nodien von 12 Stecklingen nach 14 Tagen auf 59 und nach 35 Tagen auf 80 zeigten, erfuhren die in 0,01% IES gebadeten unbestrahlten Stecklinge in der gleichen Zeit ein Ansteigen der Wurzelzahl auf 133 bzw. 183. Die Länge der Wurzeln blieb dabei hinter der der unbehandelten Kontrollen zurück.

An den mit 2000 r bestrahlten Stecklingen zeigte sich jedoch keine oder jedenfalls keine gesicherte Wuchsstoffwirkung. Daß in dem in Tab. 8 dargestellten Versuch die mit 2000 r bestrahlten, mit Wuchsstoff behandelten Stecklinge in ihrer Wurzelzahl die der bestrahlten, aber nicht in Wuchsstofflösung gebadeten Stecklinge übertreffen, ist wohl nicht als signifikante Wuchsstoffwirkung zu werten, da diese Zahlen noch im normalen Schwankungsbereich liegen. Es sei nur auf die in Tab. 3 für *Tradescantia elongata* angeführten Zahlen verwiesen, wo sich bei den mit 2000 r bestrahlten Stecklingen bis zum 27. Tag auch 28 Würzelchen, und bis zum 49. Tag sogar 38 Würzelchen entwickelt hatten.

Ein ähnlicher Wuchsstoffversuch wurde auch mit Stecklingen ausgeführt, die mit Ausnahme des untersten, während der Bestrahlung mit Blei abgedeckten Nodiums, mit 24.000 r bestrahlt wurden (Tab. 9). Die nicht-wuchsstoffbehandelten 12.000 r-Stecklinge zeigen, wie schon im vorigen Abschnitt geschildert, an dem untersten, während der Bestrahlung abgedeckt gewesenen Knoten völlig normale Wurzelbildung. Die bestrahlten Nodien blieben hingegen ausnahmslos wurzellos.

Die Wuchsstoffbehandlung der 24.000 r-Stecklinge wurde nach den Erfahrungen des vorangegangenen Versuchs einheitlich nach der Bestrahlung 24 Stunden lang mit einer 0,01%-Lösung von β-Indolylessigsäure durchgeführt.

Die Entwicklung der Wurzeln an den drei unter Wasser getauchten Nodien der unbestrahlten Kontrollen läßt deutlich eine Abnahme der Wuchsstoffwirkung von unten nach oben erkennen (Tab. 9). An den untersten, direkt im Wuchsstoffbad gestandenen

Tab. 9: Wurzelbildung an unbestrahlten und während der Bestrahlung mit 12.000 r und 24.000 r am untersten Nodium (1) mit Blei abgedeckten Stecklingen von *Tradescantia elongata*. Bei „unbestrahlt“ und „24.000 r“: a) ohne Wuchsstoffbehandlung; b) 24 Stunden eingestellt in 0,01%-β-Indolylessigsäure (IES).

Tage nach der Bestrahlung (12. 6. 1959)	Zahl der Wurzeln an 12 Stecklingen								
	unbestrahlt						12.000 r	24.000 r	
	ohne IES			24 h IES			ohne IES	ohne IES	24 h IES
	1. Nodium	2. Nodium	3. Nodium	1. Nodium	2. Nodium	3. Nodium	1. Nodium	1. Nodium	1. Nodium
3 (15. 6.)	4	—	—	—	—	—	—	—	—
4	8	—	—	—	—	—	—	—	1
5	12	—	—	—	—	—	—	1	1
6	27	4	—	—	—	—	6	8	1
7	33	25	—	4	27	—	21	25	7
8	34	30	—	10	31	5	26	28	9
10	34	32	5	18	43	10	26	32	17
11	35	34	7	26	51	12	26	33	21
12	38	34	9	37	53	13	26	33	46
13	39	38	12	67	53	20	30	39	65
14	40	38	12	78	56	20	36	41	87
15	42	38	18	100	54	21	43	49	109
16	45	38	20	112	56	23	46	47	121
17	45	39	20	112	57	27	50	50	127
18	45	39	20	117	59	27	51	56	134
19	45	39	20	117	59	27	51	56	134
20 (2. 7.)	45	39	20	120	59	27	51	56	136

Nodien hatte sich die Wurzelzahl nahezu verdreifacht, doch waren die Wurzeln kurz geblieben. Im darüber liegenden 2. Nodium war die Wuchsstoffwirkung auch noch deutlich ausgeprägt, doch hatten die Wurzeln jetzt schon normale Längen. Am 3. Nodium klingt die Wuchsstoffwirkung sichtlich aus. Das mag mit der von Pastenversuchen an ganzen Pflanzen her bekannten polar nach abwärts gerichteten IES-Leitung zusammenhängen, die auch der Transpirationsstrom durch die unten geöffneten Gefäße der frisch geschnittenen Stecklinge nicht ganz zu überwinden vermag.

Die mit 24.000 r bestrahlten, wuchsstoffbehandelten Stecklinge zeigten an den untersten, während der Bestrahlung abgedeckt gewesenen Nodien die gleich intensive Wuchsstoffwirkung wie die unbestrahlten Kontrollen. Aber schon das 2. Nodium, das der Bestrahlung ausgesetzt war, zeigte trotz Wuchsstoffbehandlung keine einzige Wurzel. Gegen den Einwand, daß nur eine zu geringe

Aufwärtsleitung von Wuchsstoffen bis zum 2. Nodium maßgebend für das Ausbleiben der Wurzelbildung ist, spricht 1. die deutliche Wuchsstoffwirkung im gleichen Nodium der unbestrahlten Kontrolle und 2. besonders der in Tab. 8 wiedergegebene Versuch, bei dem auch im untersten, bestrahlten und direkt in Wuchsstofflösung eingestellten Nodium keine Wuchsstoffwirkung eingetreten war.

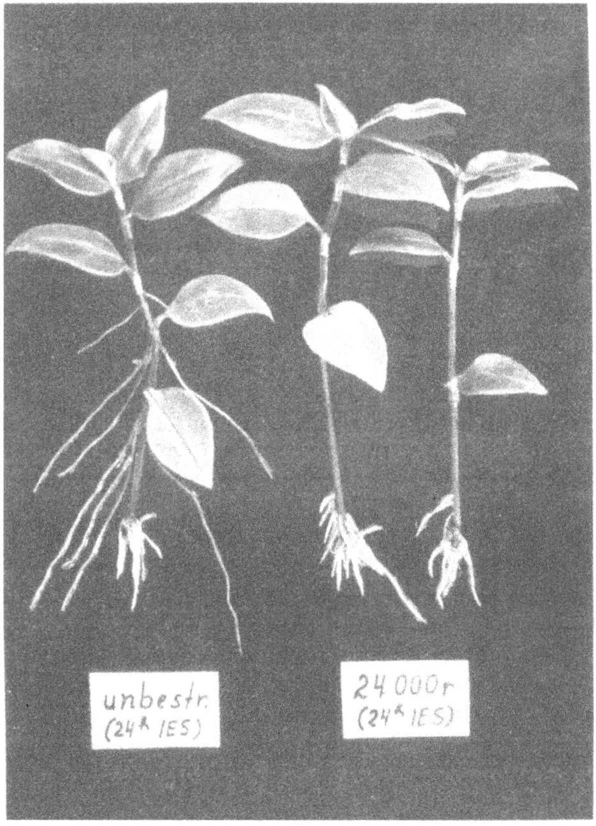

Abb. 5: Wurzelbildung an unbestrahlten und während einer Bestrahlung mit 24.000 r am untersten Nodium abgedeckten Stecklingen von *Tradescantia elongata*, 22 Tage nach einer 24stündigen Wuchsstoffbehandlung mit 0,01% β-Indolylessigsäure (Versuch von Tab. 9). — An den bestrahlten Stecklingen reicht die Wurzelbildung soweit am Stengel hinauf als dieser abgedeckt war. Die bestrahlten Nodien bleiben ohne Wurzeln.

Bemerkenswert ist, daß der während des 24-Stunden-Bades aufsteigende Wuchsstoff den gesamten, während der Bestrahlung abgedeckt gewesenen Teil des Stengels zur Wurzelbildung anregte. Während sich nämlich bei den unbestrahlten wuchsstoffbehandelten Kontrollen die Wurzeln nur im Bereich des Nodiums entwickelten, waren an den 24.000 r-Stecklingen bei 10 von den 12 Stecklingen auch am Stengel bis zur Höhe der Abdeckung Wurzeln durchgebrochen (Abb. 5). Auch dies spricht dafür, daß nicht der Wuchsstoffmangel in den bestrahlten Nodien Ursache der verhinderten Wurzelbildung ist, sondern daß diese allein in strahlenbedingten Veränderungen in den zur Wurzelbildung befähigten Geweben selbst zu suchen ist.

Besprechung der Versuche.

Mitte Jänner und Mitte Februar ausgeführte Serienversuche über die Wirkung von Röntgenstrahlen auf verschieden alte Stecklinge von *Tradescantia elongata* haben zweierlei gezeigt: 1. Mitte Jänner war 6 Tage nach dem Abschneiden der Stecklinge und Mitte Februar schon 4 Tage danach ein Entwicklungszustand erreicht, in welchem die Anlagen zur Wurzelbildung schon in solchem Maße gegeben waren, daß zu diesem Zeitpunkt auch eine starke Bestrahlung den Durchbruch einer verhältnismäßig großen Zahl von Wurzeln an den vor und nach der Bestrahlung in Leitungswasser eingestellten Stecklingen nicht mehr aufzuhalten imstande war und 2., daß die im Februar deutlich vorgeschrittene Allgemeinentwicklung der Versuchspflanzen mit einer hinsichtlich der Wurzelbildung erhöhten Strahlenresistenz verbunden war.

Zum ersten Punkt wäre zu sagen, daß hier sichtlich eine jener Erscheinungen vorliegt, wie sie BÜNNING (1948) als „Kippvorgänge" bezeichnet und mit Beispielen für verschiedene Zelldifferenzierungen belegt. „Ist das Umkippen einmal erfolgt, so schreitet die Entwicklung im allgemeinen in der neuen Richtung weiter, und es bedarf besonders starker Einflüsse, um eine Rückdifferenzierung zu erzwingen." In unserem Fall zeigt sich, daß trotz starker Bestrahlung ein erster Ausstoß von Wurzeln nicht mehr aufgehalten werden kann, daß allerdings im weiteren die Wurzeln der stark bestrahlten Stecklinge sowohl an Zahl wie auch an Länge gegenüber den Kontrollen zurückbleiben.

Werden hingegen die Stecklinge in jüngeren Entwicklungsstadien, etwa schon wenige Stunden nach dem Abschneiden, bestrahlt, dann setzt die Wurzelbildung bei den bestrahlten Stecklingen gegenüber den Kontrollen von Anfang an verzögert ein und bleibt mit ansteigender Dosis zahlenmäßig immer weiter hinter diesen zurück. Besonders eindrucksvoll und auf eine Reparation der ersten Strahlenwirkung hinweisend, sind die Fälle, in denen bei schwächeren Strahlendosen nach anfänglich verzögertem Eintritt der Wurzelbildung die Zahl der Wurzeln an den bestrahlten Stecklingen jene der unbestrahlten Kontrollen im Verlauf von 10—20 Tagen fast oder ganz erreicht (s. Tab. 1, 2).

Ein Vergleich der Strahlenwirkung auf 2—3 Stunden vor der Bestrahlung abgeschnittene Stecklinge verschiedener Commelineen-Arten zeigt, daß *Tradescantia viridis*, *Trad. zebrina* und *Callisia repens* dem Typus von *Tradescantia elongata* folgen, und zwar auch hinsichtlich der unbestrahlten Kontrollen. Die Wurzelbildung bei diesen im März und April ausgeführten Versuchen setzt im allgemeinen 3 Tage nach dem Abschneiden und Einstellen der Stecklinge in Leitungswasser an den unter Wasser befindlichen Nodien ein. Die Hemmung der Wurzelbildung nimmt mit der Höhe der verwendeten Strahlendosis zu.

Eine schon stark hemmende Wirkung der 500 r-Bestrahlung ist bei *Tradescantia zebrina* zu erkennen. Bei ihr ist auch die schädigende Wirkung der 1000 r-Bestrahlung am größten (s. Tab. 3). Auch die schon nach 500 r-Bestrahlung stark herabgesetzte und ab 1000 r-Bestrahlung vollständig sistierte Luftwurzelbildung weist auf eine besonders große Strahlenempfindlichkeit von *Tradescantia zebrina* hin. *Callisia repens*, die auch zur Luftwurzelbildung befähigt ist, zeigt in dieser Hinsicht eine wesentlich höhere Strahlenresistenz (s. Tab. 4). *Tradescantia zebrina* kann somit als die strahlenempfindlichste der untersuchten Arten bezeichnet werden.

Eine Sonderstellung nimmt *Tradescantia purpusi* ein. Bei ihren Stecklingen ist die Bereitschaft zur Wurzelbildung, die bei *Tradescantia elongata* im Jänner erst am 6., im Februar um den 4. und ab März/April am 3. Tag eintritt, schon unmittelbar nach dem Abschneiden gegeben. Schon am ersten Tag nach dem Abschneiden und der Bestrahlung der Stecklinge brachen sowohl bei den mit 2000 r bestrahlten wie bei den unbestrahlten Kontrollen zahlreiche Wurzeln durch, und an den ersten 4 Tagen erfolgte die Wurzelbildung bei beiden gleich schnell. Dann hört allerdings die Neubildung von Wurzeln bei den 2000 r-Stecklingen völlig auf, und auch die Länge der Wurzeln bleibt bei etwa 0,6—0,8 cm stecken. Bei den unbestrahlten Kontrollen steigt die Wurzelzahl in den folgenden 5 Tagen hingegen noch auf mehr als das Doppelte und im Verlauf von 10 Tagen auf mehr als das Dreifache an. Die Wurzeln erreichen dabei Längen bis zu 5 cm.

Was den Ort der Strahlenempfindlichkeit bzw. der Strahlenwirkung anlangt, so zeigen Abdeckversuche an *Tradescantia elongata*-Stecklingen, daß dieser im Bereiche der verwendeten Strahlendosen ausschließlich in den Nodien gelegen ist.

Werden Stecklinge mit 2000 r totalbestrahlt, so wird die Wurzelbildung schon sehr stark unterdrückt, ab 3000 r-Totalbestrahlung unterbleibt sie vollständig. Werden jedoch einzelne Nodien während der Bestrahlung mit Bleispangen abgedeckt, so entwickeln sich an diesen, unbeeinflußt von der Bestrahlung des übrigen Sprosses, normale Wurzeln (Abb. 1). Selbst 12.000 r- und 24.000 r-Bestrahlung (Abb. 4) wirkt sich nicht auf die Wurzelbildung an den bei der Bestrahlung abgeschirmten Nodien aus.

Andererseits entwickeln sich aber an den bestrahlten und zur Wurzelbildung nicht mehr befähigten Nodien auch nach 3000 r- (Abb. 2, 3) und nach 6000 r-Bestrahlung noch normale Seitensprosse, sofern sich nur an einem während der Bestrahlung abgedeckten Nodium die zur Ernährung des Stecklings nötigen Wurzeln ausbilden konnten. Erst eine Bestrahlung mit 12.000 r hat gegenüber den unbestrahlten Kontrollen auch eine Verminderung der Verzweigungen an den bestrahlten Nodien zur Folge und bei den 24.000 r-Stecklingen bleiben die Verzweigungen mit seltenen Ausnahmen überhaupt auf das während der Bestrahlung abgedeckt gewesene, wurzeltragende Nodium beschränkt (Tab. 7).

Es ist also wohl auch eine Strahlenwirkung auf die Seitensproßbildung zu erkennen, doch setzt für sie die Hemmung erst bei wesentlich höheren Strahlendosen ein als für die Wurzelbildung.

Vereinzelte Blüten können sich auch noch an mit 12.000 r und 24.000 r bestrahlten Stecklingen bilden, wenn der unterste Knoten während der Bestrahlung abgedeckt war und Wurzeln gebildet hatte.

Die Ursache der schon nach der Bestrahlung mit 3000 r auftretenden vollständigen Hemmung der Wurzelbildung ist somit keinesfalls in einer letalen Schädigung der meristematischen Gewebe in den Nodien zu sehen. Dagegen sprechen sowohl die Seitensproßbildungen aus den mit 12.000 r bestrahlten Knoten wie auch der direkte Augenschein der Plasmolysierbarkeit dieser Zellen.

Dies entspricht auch den heute meist vertretenen Vorstellungen von der Strahlenwirkung in Meristemen. Hat man früher den meristematischen Zellen ganz allgemein eine größere Strahlenempfindlichkeit zugeschrieben und die Ursache dafür in erster Linie in Chromosomenzerstörungen und Mitosehemmungen gesehen, so schieben die Erfahrungen der neueren Zeit (zusammenfassende Darstellungen bei GORDON 1957, GUNCKEL 1957) durch die Bestrahlung ausgelöste biochemische und physiologische Ungleichgewichte immer mehr in den Vordergrund. Vor allem auch die nach Anwendung subletaler Dosen auftretenden verschiedenen morphologischen Strahlenwirkungen werden zumeist mehr auf physiologische Störungen als auf irreversible genetische Effekte zurückgeführt (GUNCKEL und SPARROW 1954).

Unsere Kenntnisse über solche Vorgänge sind allerdings noch gering. So wurde z. B. in bestrahlten Wurzeln von *Vicia faba* eine Hemmung der Synthese von DNA (PELC und HOWARD 1952, SMELLIE 1953, PATT 1954) oder bei verschiedenen Pflanzen eine Senkung des Auxinspiegels (SKOOG 1935, SMITH und KERSTEN 1942, GORDON und WEBER 1950, GORDON 1954, 1956, 1957) beobachtet. Auch durch Bestrahlung verursachte Unfähigkeit meristematischer Zellen, normal zur Verfügung stehende Stoffe zu verwerten (QUASTLER und BAER 1950), wurde festgestellt. Störungen gewohnter Korrelationen, abnorme Wurzelbildungen, Auftreten von Adventivsprossen oder Bildungen von Blattdeformationen werden auf Verschiebungen im normalen Wuchsstoffgleichgewicht zurückgeführt (SKOOG und TSUI 1951) usw. Im gleichen Sinn spricht sich auch GUNCKEL (1957) am Schluß seines oben erwähnten zusammenfassenden Berichtes aus: „Most of the morphological irregularities described are possibly secondary effects due to physiological imbalances.“

Vor allem die Ähnlichkeiten der Blattdeformationen, wie sie einerseits durch Dauerbestrahlungen (GUNCKEL et al. 1953, GUNCKEL und SPARROW 1954, SPARROW und GUNCKEL 1956, BIEBL 1956) oder durch einmalige Röntgenbestrahlungen im ersten Keimlingsstadium (MIECKE 1957, BIEBL 1958) ausgelöst werden und andererseits nach Behandlung mit synthetischen Wuchsstoffen (LAIBACH und MAI 1936, ZIMMERMANN und HITCHCOCK 1941, 1942, LINSER 1951, v. DENFFER 1952, LINSER und KIRSCHNER 1957, LINSER, KIERMAYER, JAROSCH 1957, KIERMAYER 1957 u. v. a.) auftreten, sprechen für Störungen der normalen Wuchsstoffwirkungen.

Theoretisch bestehen dabei für die Einflußnahme der Strahlung drei Möglichkeiten: 1. Es kann die Stätte der Wirkstoffbildung von der Strahlung betroffen werden, 2. es können die Wirkstoffe selber eine Zerstörung oder Veränderung erfahren, und 3. es können im Erfolgsorgan Veränderungen chemischer Natur eintreten, die die Wirkung der Wuchs-, Hemm- oder sonstigen morphologisch wirksamen Stoffe in abnorme Bahnen lenken.

Schon die Bestrahlungsversuche an Weizenkörnern (BIEBL und PAPE 1951) haben gezeigt, daß eine lokale Bestrahlung des Endosperms nach 3, 6 oder 21 Stunden Quellung der Körner ohne Wirkung bleibt, während eine lokale Bestrahlung des Embryos eine gleiche Strahlenschädigung auslöst wie eine gleich lange Totalbestrahlung. Nach v. GUTTENBERG und LEHLE-JOERGES (1947) werden aber schon in den ersten 24 Stunden der Samenkeimung die Wuchsstoffe im Endosperm mobilisiert und in den Embryo geleitet. Eine Röntgenschädigung der Orte der Wuchsstoffbildung oder der Wuchsstoffe selbst müßte sich daher in der Weiterentwicklung des während der Bestrahlung abgedeckten Keimlings auswirken. Dies ist aber nicht der Fall.

Bei den *Tradescantia*-Stecklingen liegen die Organe der Wuchsstoffbildung von den Stellen ihres Wirksamwerdens in den Nodien noch weiter getrennt und lassen daher Abdeckversuche noch besser zu. Die Tatsache, daß jeder Knoten, sofern er während der Bestrahlung mit Blei abgedeckt wurde, in der Lage ist, normale Wurzeln zu bilden, wobei die Bestrahlung der wuchsstoffbildenden Blätter bis zu einer Strahlendosis von 24.000 r ohne Wirkung bleibt, spricht wiederum dafür, daß weder die Wuchsstoffbildung noch die Wuchsstoffe selbst oder deren Leitung durch diese Bestrahlung beeinflußt werden, sondern daß es allein auf die Bestrahlung der Erfolgsorgane, nämlich der Nodien, ankommt. Daß dabei nicht an eine direkte Schädigung der meristematischen Zellen in den Nodien gedacht werden darf, wurde schon erwähnt.

Hervorzuheben ist, daß die Wurzelbildung schon ab einer Bestrahlung der Nodien mit 3000 r vollständig gehemmt wird, während sich an den gleichen Nodien noch bis 6000-r-Bestrahlung normale Seitensprosse bilden können, sofern der Steckling die Möglichkeit hatte, an einem während der Bestrahlung mit Blei abgedeckten Nodium die zu seiner Ernährung nötigen Wurzeln zu bilden. Eine 12.000 r-Bestrahlung setzt die Seitensproßbildung unter gleichen Umständen schon merklich herab, aber erst eine 24.000 r-Bestrahlung verhindert sie vollständig (Tab. 7). Zur Verhinderung der Seitensproßbildung ist also eine etwa achtmal stärkere Strahlendosis nötig als zur Verhinderung der Wurzelbildung.

Die Abhängigkeit der Wurzel- und Adventivsprossenbildung von der Wuchsstoffversorgung bzw. dem Wechselspiel von Wuchs- und Hemmstoffen wurde schon vielfach untersucht (MEINL und v. GUTTENBERG 1954). Wie unter anderem schon die Versuche über Stecklingsbewurzelung durch Wuchsstoffe (FISCHNICH 1935, 1937, AMLONG und NAUNDORF 1938, RUGE 1951) gezeigt haben, wird die

Wurzelbildung durch Wuchsstoffe gefördert. Die Seitentriebbildung erfährt hingegen durch zugeführte Wuchsstoffe eine Hemmung. Umgekehrt ist altbekannt, daß die Entfernung der wuchsstoffbildenden Endknospe ein Austreiben der Seitenknospen zur Folge hat.

Die Abdeckversuche sowie auch die Versorgung bestrahlter Stecklinge mit künstlichem Wuchsstoff (IES) haben gezeigt, daß es im Falle der strahlenbedingten Beeinflussung der Wurzel- und Seitensproßbildung von *Tradescantia elongata* nicht auf eine mangelnde Wuchsstoffversorgung ankommen kann. Vorsichtig ausgedrückt, wird man aber vielleicht sagen dürfen, daß durch die Bestrahlung in den *Tradescantia*-Nodien ein Faktor induziert oder gefördert wird, der der Wuchsstoffwirkung entgegengesetzt ist bzw. daß enzymatische Veränderungen auftreten, die die Wuchsstoffwirkung herabsetzen und daher die Wurzelbildung hemmen, die Seitensproßbildung aber anfangs noch unbeeinflußt lassen. Erst eine 24.000 r-Bestrahlung würde die Wirksamkeit der Wuchsstoffe soweit ausschalten, daß auch eine Seitensproßbildung an den bestrahlten Nodien unmöglich wird.

Das verzögerte Einsetzen und nachfolgende Aufholen der Wurzelbildung nach schwächeren Bestrahlungen (500—1000 r) zeigt, daß diese Strahlenwirkung bis zu einem gewissen Grad von der Pflanze wieder ausgeglichen werden kann.

Zusammenfassung.

1. Stecklinge der Commelinaceen *Tradescantia elongata, Trad. viridis, Trad. purpusi, Trad. zebrina* und *Callisia repens* wurden mit Röntgenstrahlen teils total, teils partiell bestrahlt und auf Wurzel-, Seitensproß- und Blütenbildung untersucht.

2. Die Bestrahlung von 2 Stunden bis 6 Tage alten Stecklingen von *Tradescantia elongata* zeigte, daß zu einem Zeitpunkt, in dem die ersten Würzelchen an den unter Wasser getauchten Nodien durchzubrechen beginnen (im Jänner am 6. Tag, im Februar ab 4. Tag), auch eine verhältnismäßig starke Bestrahlung (2000—3000 r) einen gewissen Ausstoß von Wurzeln nicht zu verhindern vermag, wenn diese auch später an Zahl und Länge hinter jenen der unbestrahlten Kontrollen und der schwächer bestrahlten (500—1000 r) Stecklinge zurückbleiben.

3. Zum Vergleich des Resistenzverhaltens verschiedener Commelinaceen-Stecklinge empfiehlt sich daher, der gleichmäßige-

ren Verhältnisse halber, eine Bestrahlung frisch geschnittener, erst wenige Stunden alter Stecklinge.

4. *Tradescantia zebrina* erwies sich als die strahlenempfindlichste Art. Bei ihr bewirkt schon eine 500 r-Bestrahlung eine deutliche Hemmung der Wurzelbildung. *Tradescantia zebrina* ist, ebenso wie *Callisia repens*, auch zur Luftwurzelbildung befähigt. Auch diese wird bei ihr schon durch 500 r weitgehend verhindert. 31 Luftwurzeln an 12 unbestrahlten Stecklingen stehen bei den mit 500 r bestrahlten nur 4 gegenüber. An den mit 1000 r und 2000 r bestrahlten Stecklingen bildet sich überhaupt keine mehr aus. Demgegenüber beträgt die Zahl der Luftwurzeln an je 12 Stecklingen von *Callisia* 25 (unbestrahlt), 41 (500 r), 12 (1000 r) und 2 (3000 r).

5. Auch *Tradescantia purpusi* zeigt schon nach 500 r-Bestrahlung eine starke Hemmung der Wurzelbildung. Auffallend bei dieser Art ist, daß sie schon am Tag nach dem Abschneiden der Stecklinge zur Wurzelbildung schreitet. Die Verhältnisse liegen daher schon bei den frischgeschnittenen Stecklingen ähnlich wie bei *Tradescantia elongata* nach 4—6 Tagen. Auch eine 2000 r-Bestrahlung vermag eine erste, den unbestrahlten Kontrollen bis zum 4. Tag gleich starke Wurzelbildung nicht zu verhindern. Erst dann bleiben die Wurzeln an Zahl und Länge hinter den unbestrahlten Kontrollen zurück.

6. Mit zunehmender Strahlendosis wird allgemein der Eintritt der Wurzelbildung verzögert und die Wurzeln nehmen an Zahl und Länge ab. 3000 r verhindert an den frischgeschnittenen Stecklingen von *Tradescantia elongata* jede Wurzelbildung. Bei Anwendung schwächerer Dosen (500—1000 r) kann im Verlauf von 1—4 Wochen Zahl und Länge der Wurzeln der unbestrahlten Kontrollen vollständig erreicht werden. Es spricht dies für eine allmähliche Erholung und Beseitigung der Strahlenschäden durch die Pflanze.

7. Die durch die Bestrahlung in den Nodien gesetzten Verhältnisse können andererseits auch mehrere Wochen unverändert erhalten bleiben. *Tradescantia viridis* bildete an den zwei während der Kultur in Wasser stehenden Nodien bei 12 unbestrahlten Stecklingen bis zum 15. Tag 41 und an den 2000 r-Stecklingen 20 Würzelchen aus. Wurden die Stecklinge nach 5 Wochen um die 2 wurzeltragenden Stengelglieder zurückgeschnitten und wieder in Wasser gebracht, so hatte sich an den bisher wurzellos gebliebenen, folgenden zwei Nodien nach 13 Tagen fast das gleiche Zahlenverhältnis wie nach den ersten 15 Tagen herausgebildet: die unbestrahlten Kontrollen hatten 43, die 2000 r-Stecklinge 17 Würzelchen entwickelt (Tab. 5).

8. Wurden einzelne Nodien von *Tradescantia elongata* während der Bestrahlung durch Bleispangen abgedeckt, so bildeten sich an ihnen nicht nur nach 3000 r, sondern sogar noch nach 12.000 r und 24.000 r-Bestrahlung des gesamten übrigen beblätterten Sprosses an Zahl und Länge vollkommen normale Wurzeln. Die Strahlenschädigung erweist sich somit ausschließlich auf die bestrahlten Nodien beschränkt.

9. Die Seitensproßbildung wird demgegenüber durch 3000 r und 6000 r auch an den bestrahlten Nodien nicht gehemmt, sofern der bestrahlte Sproß an einem abgedeckten Nodium die zur Ernähnceg nötigen Wurzeln bilden konnte. Erst 12.000 r bewirken unter gleichen Umständen eine deutliche Herabsetzung ihrer Zahl und 24.000 r verhindern ihre Bildung vollständig.

10. Die Tatsache der normalen Wurzelbildung an abgedeckten Nodien von Stecklingen, die im übrigen mit 24.000 r bestrahlt wurden, zeigt bereits, daß trotz der starken Bestrahlung die Bildung von Wuchsstoffen in den Blättern nicht beeinflußt und auch ihre Ableitung in die während der Bestrahlung abgedeckten Nodien nicht behindert wurde.

11. Daß die starke Hemmung der Wurzelbildung durch 2000 r und die völlige Sistierung derselben durch 3000 r-Bestrahlung nicht auf einen Wuchsstoffmangel zurückzuführen ist, geht weiters mit besonderer Klarheit daraus hervor, daß auch eine Zufuhr von künstlichem Wuchsstoff (β-Indolylessigsäure) die Wurzelbildung in den bestrahlten Nodien nicht anzuregen vermag.

12. Auch Blütenbildung kann nach 12.000 r- und 24.000 r-Bestrahlung noch auftreten, soferne die Stecklinge durch Abdeckung eines Nodiums während der Bestrahlung an diesem Wurzeln ausbilden konnten. Die vollständige Wachstumshemmung der nur mit 3000 r total bestrahlten Stecklinge ist auf die mangelnde Ernährung dieser wurzellos gebliebenen Stecklinge zurückzuführen.

13. Die Ursachen dieser auf die Nodien beschränkten Strahlenwirkung werden diskutiert. Es wird angenommen, daß in den Nodien ein Faktor induziert oder gefördert wird, der der Wuchsstoffwirkung entgegengesetzt ist bzw. daß biochemische Veränderungen auftreten, die bei schwächeren Bestrahlungen die Wuchsstoffwirkung soweit herabsetzen, daß die Wurzelbildung gehemmt, die Sproßbildung aber noch unbeeinflußt gelassen wird. Erst Bestrahlungen mit 12.000 r und 24.000 r würden die Wirksamkeit der Wuchsstoffe soweit ausschalten, daß auch die Sproßbildung vermindert bzw. schließlich unmöglich gemacht wird.

Literatur.

AMLONG, H. U. und NAUNDORF, G., 1938: Die Wuchshormone in der gärtnerischen Praxis. Berlin.

BIEBL, R., 1956: Morphologische, anatomische und zellphysiologische Untersuchungen an Pflanzen vom „Gammafeld" des Brookhaven National Laboratory (USA). Österr. Bot. Zeitschr. *103*, 400—435.

— 1958: Radiomorphosen an Soja hispida. Flora *146*, 68—93.

— 1959a: Strahlenempfindliche Keimungsphase und Dauerbestrahlung. Österr. Botan. Zeitschr. *106*, 104—123.

— 1959b: The radiosensitive phase in plant germination. Progress in Nuclear Energy, Ser. VI. Biol. Sci. *2*, 258—264, und Proc. Second Un. Nat. Intern. Conf. Peaceful Uses of Atomic Energy Geneva 1958, *27* (Agriculture) 299—304.

— 1959c: Strahlenempfindliche Entwicklungsstadien. Ber. dtsch. bot. Ges. *72*, 202—211

— und PAPE, R., 1951: Röntgenstrahlenwirkungen auf keimenden Weizen. Österr. Bot. Zeitschr. *98*, 361—382.

BÜNNING, E., 1948: Entwicklungs- und Bewegungsphysiologie der Pflanze. Lehrbuch der Pflanzenphysiologie 2. und 3. Bd., Springer, Berlin — Göttingen — Heidelberg.

DALLYN, S. L., SAWYER, R. L. and SPARROW, A. H., 1955: Extending Onion Storage Life by Gamma Irradiation. Nucleonics *13*, 48—49.

DENFFER, D. v., 1952: Die hormonale Beeinflussung pflanzlicher Gestaltungsprozesse. Ber. d. Oberhess. Ges. f. Natur- u. Heilkunde zu Giessen, N. F. *25*, 123—133.

FISCHNICH, O., 1935: Über den Einfluß von β-Indolylessigsäure auf die Blattbewegungen und die Adventivwurzelbildung von Coleus. Planta *24*, 552—583.

— 1937: Über die stofflichen Grundlagen der Wurzelbildung. Ber. d. dtsch. bot. Ges. *55*, 279—287.

GORDON, S. A., 1954: Occurence, formation, and inactivation of auxins. Ann. Rev. Plant Physiol. *5*, 341—378.

— 1956: The biogenesis of natural auxins. In: The Chemistry and Mechanism of Action of Plant Growth Substances (R. L. Wain and F. Wightman eds., Butterworth Scientific Publ., London) 65—75.

— 1957: The effects of ionizing radiation on plants: Biochemical and physiological aspects. The Quart. Rev. of Biol. *32*, 3—14.

— and WEBER, R. P., 1950: The effect of X-radiation on indoleacetic acid and auxin levels in the plant. Amer. Journ. Bot. *37*, 678.

GUNCKEL, J. E., 1957: The effects of ionizing radiation on plants: Morphological effects. The Quart. Rev. of Biol. *32*, 46—56.

— MORROW, I. B. and CHRISTENSEN, E., 1953: Vegetative and floral development of irradiated and non-irradiated plants of Tradescantia paludosa. Amer. Journ. Bot. *40*, 317—332.

— and SPARROW, A. H., 1954: Aberrant Growth in Plants induced by Ionizing Radiation. Brookhaven Symposia in Biol. Nr. 6. Abnormal and pathological plant growth. 252—259.

GUTTENBERG, H. v. und LEHLE-JOERGES, E., 1947: Über das Vorkommen von Auxin und Heteroauxin in ruhenden und keimenden Samen. Planta *35*, 281—296.

HENSHAW, P. S. and FRANCIS, D. S., 1935: A consideration of the biologic factors influencing the radiosensibility of cells. Journ. cellul. a. comp. Physiol. *7*, 173—195.

KIERMAYER, O., 1957: Morphologische Veränderungen an den Blüten von Kalancooe Blossfeldiana sowie den Brutpflanzen von Bryophyllum tubiflorum durch synthetische Wuchs- und Hemmstoffe. Phyton (Argent.) *9*, 53—64.

KOERNICKE, M., 1915: Über die Wirkung verschieden starker Röntgenstrahlen auf Keimung und Wachstum bei den höheren Pflanzen. Jahrb. f. wiss. Bot. *56*, 416—430.

LAIBACH, F. und MAI, G., 1936: Über die künstliche Erzeugung von Bildungsabweichungen bei Pflanzen. Roux Arch. f. Entwicklungsmechanik *134*, 200—206.

LINSER, H., 1951: Unkrautbekämpfung auf hormonaler Basis. Die Bodenkultur *5*, 191—222.

— KIERMAYER, O. und JAROSCH, R., 1957: Zur Beeinflussung der Blattbildung durch Morphoregulatoren. II. Formbildende Wirkungen verschiedener Stoffe bei Trifolium pratense. Planta *50*, 238—249.

— und KIRSCHNER, R., 1957: Zur Beeinflussung der Blattbildung durch Morphoregulatoren. I. Die Einwirkung von 2, 4 Dichlorphenoxyessigsäure auf Erodium cicutarium. Planta *50*, 211—237.

MEINL, G. und GUTTENBERG, H. v., 1954: Über Förderung und Hemmung der Entwicklung von Axillarsprossen durch Wirkstoffe. Planta *44*, 121—135.

MICKE, A., 1957: Über die Auslösung isotomer Sproßgabelungen bei Melilotus albus durch Röntgenbestrahlung der Samen. Angew. Bot. *31*, 106—116.

PATT, H. M., 1954: Biochemical aspects of basic mechanisms in radiobiology. Nat. Acad. Sci., Wash., Nat. Res. Coun. Publ. 367.

PELC, S. R. and HOWARD, A., 1952: Chromosome metabolism as shown by autoradiographs. Exp. Cell Res. *2* (suppl.), 269—278.

RUGE, U., 1951: Übungen zur Wachstums- und Entwicklungsphysiologie der Pflanze. Pflanzenphysiol. Prakt., Bd. IV, Springer, Berlin — Göttingen — Heidelberg.

SKOOG, F., 1935: The effect of X-radiation on auxin and plant growth. Journ. Cell. Com. Physiol. *7*, 227—270.

— and CHENG TSUI, 1951: Growth substances and the formation of buds in plant tissues. In: Plant Growth Substances (F. Skoog ed.),263—285, Univ. Wisconsin Press, Madison.

SMELLIE, R. M. S., 1953: The metabolism of nucleic acid. In: The Nucleic Acids, Vol. II (E. Chargaff and J. N. Davidson eds.), 393—434, Acad. Press, New York.

SMITH, G. F. and KERSTEN, H., 1942: Auxin and calines in seedlings from x-rayed seed. Amer. Journ. Bot. *29*, 785—791.

SPARROW, A. H. and CHRISTIANSEN, E., 1954: Improved Storage Quality of Potatoe Tubers after Exposure to C-60 Gammas. Nucleonics *12*, 8, 16—17.

— and SCHAIRER, L., 1955: Effect of X-Rays, Gamma-Rays, Fast Electrons and Fast Neutrons on Inhibition of Growth and Spronting in Potatoes. Conf. on Biol., Physic. and Industr. Aspects of Potato Irradiation. Brookhaven Nat. Lab., Upton. U.S.A., May 25, 1955.

— J. E. GUNCKEL, 1956: The effects on plants of chronic exposure to Gamma-radiation from Radiocobalt. Proc. Intern. Con. Peaceful Uses of Atomic Energy Geneva 1955, *12*, 52—59.

STRUGGER, S. P., KREBS, A. T. and GIERLACH, Z. S., 1953: Investigations into the first effects to Roentgen-rays on living protoplasm as studied with modern fluorochromes. Amer. Journ. of Roentgenology, Radium Therapie and Nuclear Medicine *70*, 365—375.

QUASTLER, H. and BAER, M., 1950: Inhibition of Plant Growth by Irradiation V. Radiation effects on initiation and completion of growth. Canc. Res. *10*, 605—612.

WERT, E., 1940: Über die Abhängigkeit der Röntgenstrahlenwirkung vom Quellungszustand der Gewebe, nach Untersuchungen an Gerstenkörnern. I—V, Strahlentherapie *67*, 307—321, 536—550, 700—711, *68*, 136—164, 287—303.

ZIMMERMANN, P. W. and HITCHCOCK, A. E., 1941: Formative effects incuded with β-naphthoacetic acid. Contr. Boyce Thompson Inst. *12*, 1—14.

— — 1942: Substituted Phenoxy and benzoic acid growth substances and the relation of structure to physiological activity. Contr. Boyce Thompson Inst. *12* (5), 321—344.

Die in den Sitzungsberichten Abtlg. I und Abtlg. IIa der math.-nat. Klasse der Österr. Ak. d. Wiss. erscheinenden Abhandlungen werden auch einzeln abgegeben. Sie können durch jede Buchhandlung oder direkt durch die Auslieferungsstelle der Österreichischen Akademie der Wissenschaften (Wien I, Singerstraße 12) bezogen werden.

Nachfolgende Abhandlungen aus dem Fach der **Zoologie** sind erschienen:

1956 (S I Bd. 165):

Brehm V.: Bemerkungen zu einigen neueren Cladocerenfunden aus Amerika (mit 2 Textabbildungen). S 9.—
Brehm V.: Über einige Entomastraken Südamerikas (mit 7 Textabbildungen). S 8.50
Janczyk F. St. W.: Anatomie von Siro duricorius Joseph im Vergleich mit anderen Opilioniden (mit 28 Textabbildungen). S 40.—
Mathes Ingeborg: Zur systematischen Stellung der Gattung Platyarthus Brandt (mit 9 Textabbildungen). S 10.50
Medwenitsch W.: Zur Geologie Vardarisch-Makedoniens (Jugoslawien) zum Problem der Pelagoniden (mit 11 Abbildungen im Text und auf 2 Tafeln und 2 Beilagen). S 51.—
Schiller J.: Untersuchungen an den planktischen Protophyten des Neusiedler Sees 1950—1954 III. Teil: Euglenen (mit 70 Abbildungen auf 15 Tafeln). S 47.80

1957 (S I Bd. 166):

Janetschek H. und Steiner W.: Zoologisch-systematische Ergebnisse der Studienreise in die spanische Sierra Nevada 1954.
Janetschek H.: I. Einführung. S 2.80
Wagner E.: II. Einige neue Heteropteren (mit 26 Textabbildungen). S 7.60
Lengersdorf F.: III. Neue Lycoriiden (Sciariden) (Ins., Diptera) (mit 1 Textabbildung). S 3.—
Schmitz H. S. J.: IV. Phoridae (Diptera) (mit 5 Textabbildungen und 3 Tafeln). S 18.10
Priesner H.: V. Thysanoptera.
Roudier A.: VI. Drei neue Curculioniden-Arten (Coleoptera) (mit 1 Textabbildung). S 10.—
Denis J.: VII. Araneae (mit 23 Textabbildungen und 1 Tafel). S 31.50
Scheller U.: VII. Symphyla. S 3.—
Kühnelt W.: Ergebnisse der Österreichischen Iran-Expedition 1949/50. Die Tenebrioniden Irans (mit 1 Tafel). S 33.20
Kühnelt W.: Weiß als Strukturfarbe bei Wüstentenebrioniden (mit einem Beitrag von C. Koch, Pretoria) (mit 1 Tafel). S 8.60
Starmühlner F.: Ergebnisse der Österreichischen Island-Expedition 1955. Zur Individuendichte und Formänderung von Lymnaea peregra Müller in isländischen Thermalbiotopen (mit 7 Textabbildungen und 2 Tafeln). S 46.80
Starmühlner F.: Ergebnisse der Österreichischen Iran-Expedition 1949/50. Beiträge zur Kenntnis der Molluskenfauna des Iran, und Edlauer A.: Konchyliologische Bestimmungen und Beschreibungen (mit 17 Textabbildungen, 3 Tafeln und 1 Beilage).
Tollmann A.: Die Mikrofauna des Burdigal von Eggenburg (Niederösterreich) (mit 2 Textabbildungen 7 Tafeln und 2 Tabellen). S 45.90
Wettstein O.: Nachtrag zu meiner Herpetologia aegaea (mit 2 Textabbildungen und 8 Tafeln). S 56.60

1958 (SI Bd. 167):

Amsel Hans Georg: Ergebnisse der Österreichischen Iran-Expedition 1949/50. Lepidoptera II. (Microlepidoptera) (mit 1 Tafel und 7 Textabbildungen). S 12.60
Beier Max, Reimoser E. und Kritscher E.: Zoologische Studien in West-Griechenland. VII. Teil Araneae. S 5.70
Beier Max und Scheerpeltz Otto: Zoologische Studien in West-Griechenland. VIII. Staphylinidae (Col.) (mit 1 Textabbildung). S 48.30
Brehm V.: Bemerkungen zu einigen Kopepoden Südamerikas (mit 5 Textabbildungen). S 25.60
Brehm V.: Die systematischen Verhältnisse bei Notodiaptomus Anisitsi Daday und perelegans Wright (mit 4 Textabbildungen). S 10.50
Löffler Heinz: Die Klimatypen des holomiktischen Sees und ihre Bedeutung für zoogeographische Fragen (mit 1 Textabbildung und 1 Beilage). S 27.30
Mihelčič Franz: Zoologisch-systematische Ergebnisse der Studienreise von H. Janetschek und W. Steiner in die spanische Sierra Nevada 1954, IX. Milben (Acarina) (mit 10 Textabbildungen). S 21.60
Nemenz Harald: Beitrag zur Kenntnis der Spinnenfauna des Seewinkels (Burgenland, Österreich) (mit 3 Textabbildungen). S 27.30
Reisser Hans: Ergebnisse der Österreichischen Iran-Expedition 1949/50. Lepidoptera I. (Macrolepidoptera) (mit 44 Abbildungen auf 9 Tafeln und 1 Karte). S 57.70
Scheminzky F. und Stipperger H.: Über die Fluoreszenz der Eihäute beim Weberknecht Gyas annulatus (mit 1 Textabbildung und 1 Tafel). S 8.10
Schuster Reinhart: Beitrag zur Kenntnis der Milbenfauna (Oribatei) in pannonischen Trockenböden (mit 4 Textabbildungen). S 12.60
Viets O. Kurt: Wassermilben aus der Schwechat (Wienerwald) (mit 20 Textabbildungen). S 19.80

GPSR Compliance
The European Union's (EU) General Product Safety Regulation (GPSR) is a set of rules that requires consumer products to be safe and our obligations to ensure this.

If you have any concerns about our products, you can contact us on

ProductSafety@springernature.com

In case Publisher is established outside the EU, the EU authorized representative is:

Springer Nature Customer Service Center GmbH
Europaplatz 3
69115 Heidelberg, Germany

www.ingramcontent.com/pod-product-compliance
Ingram Content Group UK Ltd.
Pitfield, Milton Keynes, MK11 3LW, UK
UKHW021932190726
13853UKWH00002B/995

* 9 7 8 3 6 6 2 2 3 1 0 7 4 *